PROGRAMME

D'UN

COURS DE ZOOTECHNIE

PAR

FÉLIX ROLAND

Membre de la Société zoologique d'acclimatation.

Trois industries se partagent le domaine de l'économie sociale :

1° L'Industrie agricole ;

2° L'Industrie manufacturière ;

3° L'Industrie commerciale.

L'Industrie agricole peut être définie : l'exploitation des végétaux et des animaux dans le but de tirer économiquement du *sol*, des *eaux* et de l'*atmosphère* la plus grande somme de produits utiles, indispensables à l'existence des sociétés humaines.

Le mot *Agriculture*, pris dans son acception la plus large, est synonyme d'*Industrie agricole*.

Dans l'Industrie agricole, deux branches inséparables, à cause de leur utilité réciproque :

L'Industrie végétale;

L'Industrie animale.

Importance de l'Agriculture. — Nécessité urgente d'en hâter le progrès par la science. Sans la science, pas de progrès réels durables, pas plus dans l'industrie agricole que dans les autres.

La science de l'Industrie agricole, c'est l'Agronomie (de αγρός, champ, et νόμος, loi).

L'instruction Agronomique est la condition *sine qua non* du progrès dans l'Agriculture.

D'où très-grande importance d'un haut Enseignement agronomique.

L'Agronomie appartient à la famille des sciences économiques.

Elle comprend plusieurs branches :

1° Phytotechnie (1);
2° Zootechnie;
3° Économie rurale;
4° Chimie technologique;
5° Génie rural;
6° Législation rurale;
7° Comptabilité rurale.

Ces sciences sont technologiques. — Elles reposent sur des sciences pures qui en sont les bases et dont elles dérivent. On ne devrait pas, selon moi, leur appliquer l'épithète d'*accessoires*.

Énumération des sciences pures.

Leur importance dans l'Enseignement agronomique.

Pour faire un savant Agronome, il faut connaître toutes les sciences technologiques dont l'Agriculture n'est que l'application, la mise en pratique. Or, on ne peut posséder ces sciences qu'autant qu'on a fait une étude sérieuse des sciences pures, dont elles dérivent; donc les sciences pures sont essentielles, indispensables dans l'Enseignement agronomique (2).

(1) La Phytotechnie (de φυτον, plante, et τέχνη, art, industrie) se divise en : 1° phytotechnie proprement dite ou *agriculture*, 2° sylviculture, 3° arboriculture, 4° viticulture, 5° horticulture.

(2) Ce court préambule, qu'on pourrait à la rigueur considérer comme un hors-d'œuvre, m'a paru nécessaire pour bien marquer la place qu'occupe la Zootechnie dans l'industrie agricole, dans l'enseignement agronomique, et pour mieux préciser le sens que j'attache au mot *Zootechnie*.

DE LA ZOOTECHNIE

La Zootechnie est la science de l'exploitation industrielle des animaux et de leur appropriation à nos besoins, afin d'en obtenir économiquement des produits et des services divers.

Le mot Zootechnie, dérivé de ζῶον, animal, et τέχνη, art, industrie, signifie littéralement industrie des animaux.

C'est une science technologique, branche de l'Agronomie.

Elle comprend, comme toute science technologique, la science et l'art, la *Théorie* et la *Pratique*.

De la Théorie. — Définition. — Importance. — Rôle.

De la Pratique. — Définition bien précise. — Distinction en pratique intellectuelle, administrative, manuelle.

De l'observation. — De l'expérimentation. — De la systématisation en Zootechnie.

Domaine de la Zootechnie. — Étendue. — Limites. — Pour bien les déterminer, il faut établir la distinction entre la Zootechnie, la Zoologie, l'Hygiène et la Médecine vétérinaire.

Dire que la Zootechnie est l'Économie du bétail, la science du bétail, c'est en restreindre le domaine et ne pas la définir. D'abord qu'est-ce que le bétail? qu'est-ce que l'Économie?

La Zootechnie s'occupe non-seulement du bétail, mais encore de tous les autres animaux que l'on exploite industriellement dans la ferme et autour de la ferme, dans le but de réaliser un bénéfice.

Elle coordonne, réunit en corps de doctrine tous les fragments épars relatifs à l'amélioration, la production, l'entretien industriel et économique des animaux, tels que : cours de multiplication, d'élevage, d'éducation, d'extérieur, etc., ce qu'on a appelé science des haras, science hippique, etc., etc.

Rapports de la Zootechnie. — 1° Avec les sciences pures; 2° avec les autres branches de l'Agronomie; 3° avec l'Hygiène et la Médecine vétérinaire.

Services qu'elles lui rendent. — Concours qu'elles lui prêtent.

Importance de la Zootechnie. — Elle se déduit :

1° Des produits que les animaux nous donnent;

2° Des services qu'on en obtient;

3° De la solidarité qu'il y a entre la production animale et la production végétale.

Énumération des produits et des services. — Faire ressortir leur importance au point de vue des richesses sociales par des chiffres tirés de la statistique officielle.

Division de la Zootechnie. — Elle comprend :

1° La Zootechnie proprement dite;
2° Aviculture;
3° Pisciculture;
4° Sériciculture;
5° Apiculture;
6° Cocciculture;
7° Hirudiculture.

DE LA ZOOTECHNIE PROPREMENT DITE.

Espèces animales dont elle s'occupe :

1° Le cheval } hybrides : { mulet;
2° L'âne } { bardot;
3° Le bœuf;
4° Le mouton } hybrides : les chabins;
5° La chèvre }
6° Le porc;
7° Le lapin;
8° Le chien (1).

(1) Ne pourrait-on pas joindre à cette liste les animaux domestiques utilisés dans d'autres ontrées du globe, et qui ne sont pas encore acclimatés et exploités en France?

La Zootechnie proprement dite est divisée elle-même pour la facilité de l'étude en :

1° Zootechnie générale.
2° Zootechnie spéciale.

ZOOTECHNIE GÉNÉRALE.

Elle étudie les principes généraux et les lois générales déduits de l'expérimentation et de l'observation des faits, applicables à toutes les espèces énumérées plus haut.

Son importance, son utilité, dans l'Enseignement zootechnique.

Il y a trois points à considérer dans la Zootechnie générale qui forment la base de mon programme. Ils découlent naturellement de la définition que j'ai donnée de la Zootechnie :

L'exploitation industrielle et l'appropriation des animaux, etc.. etc.

Cette définition montre des sujets à modifier ;

Implique la nécessité d'agents modificateurs qui approprient ;

Enfin, fait pressentir différents genres d'appropriation amenés par les rapports des modificateurs avec les sujets.

De là trois parties :

Dans la première, je m'occupe des généralités sur les animaux ou les sujets considérés au point de vue purement zootechnique.

Dans la deuxième partie, je traite séparément des Modificateurs en eux-mêmes et fais connaître les effets qu'ils produisent sur les animaux.

Enfin, la troisième est consacrée à l'étude des différentes manières de mettre les Modificateurs en rapport avec les sujets dans les diverses opérations Zootechniques pour obtenir le meilleur ou les meilleurs genres d'appropriations.

Ce plan, déduit de ma définition, me paraît réunir tout ce qui appartient à la Zootechnie générale, en un corps de doctrine dont toutes les parties sont solidaires et s'enchaînent logiquement.

Il a l'avantage d'être applicable à la Zootechnie spéciale, comme nous le verrons plus loin.

I. — DES ANIMAUX EN GÉNÉRAL.

Caractères généraux de l'animalité. — Deux ordres de fonctions :

Fonction de conservation de l'individu.

Fonction de conservation de l'espèce.

Conditions d'existence des animaux. — Harmonie entre les différents organes d'un même animal. — Harmonie entre l'animal et le monde extérieur. — Incitants de la vie. — Rapports des animaux avec le monde extérieur.

Des lois d'harmonie. — 1° La loi des corrélations organiques; 2° la loi de subordination des organes; 3° la loi de subordination des animaux au monde extérieur.

Éléments constitutifs des animaux : 1° la forme; 2° la matière.

La matière appartient au monde extérieur; elle n'est que passagère dans les corps vivants.

La forme, au contraire, avec une apparence d'immortalité, passe des individus qui produisent dans ceux de production nouvelle.

La forme du corps vivant est plus essentielle à la vie que la matière (Cuvier).

De la matière du corps animal dans son ensemble : 1° Liquides; 2° Solides.

Leurs proportions respectives : Elles sont variables. — Causes de ces variations (*espèce*, *race*, *âge*, *degré d'embonpoint*).

Conséquences pratiques à tirer de la connaissance de ces causes.

Humeurs. — Rapports des humeurs comparées aux tissus. — Variations. — Causes.

Du sang. — Quantité moyenne dans chaque espèce de nos mammifères domestiques par rapport aux poids vifs. — Constitution chimique du sang. — Sa composition élémentaire.

États du sang (*polyémie*, *anémie*, *hydrohémie*).

Lymphe. — *Chyle.* — Conséquences à tirer de l'étude des humeurs au point de vue de la Zootechnie pratique.

Tissus. — *Chair fraîche* (muscles, tendons). — *Os frais.* — *Tissu graisseux.* — Proportions dans lesquelles ces trois tissus se trouvent dans la viande fraîche. — Moyenne.

Rapport entre la quantité d'eau et la matière sèche de la viande. *Tissus tégumentaires.* — Rapport du poids de ces divers tissus comparés au poids vif de l'animal.

Constitution chimique des tissus. — *Matières azotées, matières non azotées.* — *Matières minérales.*

1° *Des matières azotées.* — Albuminoïdes, ou corps protéiques. Principes immédiats. — Leurs compositions élémentaires. — Rôle qu'ils jouent dans le corps de l'animal.

2° *Des matières non azotées.* — Elles comprennent deux groupes : 1° Les matières grasses ; 2° Les hydrates de carbone. — Leurs principes immédiats et leur composition élémentaire. Leur rôle dans l'Économie animale.

3° *Des matières minérales* ou *inorganiques.* — Rapport entre la substance organique et les matières minérales du système osseux. — Composition de la substance minérale des os.

Agents physiques ou matière impondérable. — Le calorique seul nous intéresse. Son importance et son rôle dans l'Économie animale. — Il est la condition *sine quâ non* de la vie. — Température propre à chaque espèce. — Température du sang.

DE L'ÉCHANGE DE MATIÈRE DANS LE CORPS.

Deux courants. — *Importation.* — *Exportation.* — Rapports variables. — Causes de la variabilité.

Métamorphoses de la matière, dans les voies digestives, dans les humeurs et dans les tissus.

Échange diurne. — *Voies digestives.* — Importation, exportation. — Quantité de matière absorbée, quantité rejetée. Expériences de M. Boussingault.

Voies respiratoires. — Nature et quantité de matière introduite et éliminée (*expériences* de MM. Boussingault, Henry Bouley et Lassaigne, Regnault et Reiset, Félix Letellier).

Causes qui font varier le degré d'intensité de l'échange par les voies respiratoires.

Elles sont nombreuses. — Énumérations.

Conséquences pratiques très-importantes à tirer de ces expériences.

Voie cutanée. — Exportation. — Très-variables.

Causes de variations. — Y-a-t-il importation par cette voie?

Voie urinaire. — Exportation. — Nature des produits éliminés. — Leur constitution chimique et leur composition élémentaire. — Causes qui font varier la quantité de matières excrétées.

Expériences de M. Boussingault.

Nombreuses conséquences pratiques qu'on peut tirer des remarquables travaux faits sur l'échange de matière dans le corps animal.

Production de chaleur animale. — Sources. — Quantité produite. — Causes qui font varier cette quantité.

Pertes de chaleur. — Voies (cutanée, respiratoires, digestives).

Causes qui font varier les pertes de chaleur.

De la forme du corps animal. — Ce qu'il faut comprendre par ce mot : *forme.*— Elle est héréditaire et, comme conséquence, l'est également tout ce qui s'y rattache implicitement ou explicitement.

Forme spécifique. — Forme individuelle.

DE L'ESPÈCE ANIMALE EN GÉNÉRAL.

L'espèce est une collection d'individus ayant des caractères communs indélébiles et qui peuvent procréer entre eux d'autres individus semblables indéfiniment féconds.

Procréer des individus similaires doués d'une fécondité continue, telle est la *caractéristique* de l'espèce.

Chaque individu de l'espèce présente deux sortes de caractères dans sa forme.

1° Caractères généraux communs à tous les individus de la même espèce.

2° Caractères particuliers qui constituent son individualité.

Les premiers toujours héréditaires sont immuables.

Les deuxièmes variables en hérédité sont modifiables.

Variations individuelles. — Cercle de variation propre à chaque espèce. — Causes de ces variations. — L'animal est un effet, une conséquence.

Les causes des variétés sont de deux ordres :

1° Intérieures inhérentes à l'animal;

2° Extérieures ou indépendantes de l'animal.

Ces causes en agissant sur les animaux, soit pendant la vie intra-utérine, soit pendant la vie extra-utérine, provoquent des modifications et font naître des variétés.

Je leur donne le nom générique de *Modificateurs des animaux.*

Les variétés individuelles peuvent par la génération et l'influence des milieux devenir *collectives.* — Explication du fait.

Constance et fixité qu'elles prennent en devenant collectives. — Ces variétés collectives héréditaires constituent des races.

DES RACES ANIMALES EN GÉNÉRAL.

En Zootechnie, la *race* peut être définie : Une variété collective de l'*espèce* dont les caractères sont héréditaires tant qu'elle se reproduit et se développe dans les conditions semblables ou analogues à celles qui ont présidé à sa formation.

La caractéristique de l'*espèce*, nous l'avons dit plus haut, est la constance de ses caractères sans conditions : d'où immuabilité de l'espèce.

La caractéristique de la *race* est la constance de ses caractères, mais *avec conditions* : d'où variabilité possible de la race.

Origine des races primitives. — Causes qui leur ont donné naissance.

D'où se tirent les caractères des races ? Sont-ils modifiables ?

Raisons de la variabilité possible des races. — Raisons de l'immuabilité de l'espèce.

Éléments de valeur d'une race :

1° Homogénéité :
2° Pureté ;
3° Ancienneté ;
4° Fixité ;
5° Aptitudes.

Comment reconnaît-on *la pureté?* — Deux moyens : Livres de généalogie, homogénéité.

Pureté absolue. — Pureté relative.

Est-il nécessaire qu'une race ait une pureté absolue pour lui appliquer l'épithète de *pur sang?* — Signification qu'on attache aux mots *sang* et *pur sang* en Zootechnie.

Criterium de la pureté d'une race :

L'homogénéité dans la conformation et les aptitudes.

Les aptitudes sont le principal élément de valeur d'une race. — La valeur d'une race se mesure donc au degré de perfection de ses aptitudes. — Le criterium de la perfection économique, c'est *le gain.*

D'où découlent les aptitudes ?

1° De la conformation (*intérieure* et *extérieure*) ;
2° De la constitution ;
3° Du tempérament ;
4° Des indiosyncrasies ;
5° De la robusticité ;
6° De la longévité ;
7° De la fécondité ;
8° De la précocité ;
9° De la taille ;
10° De la corpulence.

Divers genres d'aptitudes dans les races animales.

Aptitudes à donner des produits (*viande*, *lait*, *laine*, *issues*, *fumier*).

Aptitudes à rendre des services (*travail*).

On peut grouper tous les animaux de la ferme, d'après leurs aptitudes, en quatre types :

1° Type de boucherie ;
2° Type de laiterie ;
3° Type pour la laine ;
4° Type de travail.

Description de chaque type. — Caractères communs à plusieurs types. — Caractères propres à chaque type.

II. — DES MODIFICATEURS DES ANIMAUX.

J'appelle ainsi des agents que l'on fait agir sur les animaux dans les diverses opérations zootechniques pour les approprier à nos besoins.

Entre les modificateurs et les animaux, il y a tous les rapports de la cause à l'effet. — Rôle que jouent les modificateurs en Zootechnie. — Obligation pour le Zootechnicien d'en bien connaître la puissance et les effets. — La connaissance complète des Modificateurs permet à l'Industriel agricole de résoudre les problèmes zootechniques les plus compliqués :

1° *Modificateurs naturels.* — (Climat, aliments, boissons, reproducteurs, exercice et repos.)

2° *Modificateurs domestiques.* — (Habitation, pansage, couvertures, castration, etc.)

3° *Modificateur des modificateurs.* — (La main de l'homme.)

Des modificateurs naturels. — Définition. — Permanence de leur action. — Leur rôle. — Ils sont les facteurs des races.

CLIMATS.

Le climat est la constitution météorologique d'une localité qui lui imprime, ainsi qu'aux êtres vivants qui l'habitent, un cachet et une physionomie déterminés.

Éléments constitutifs du climat. — Variations de l'état physique de ces éléments et de leurs modes de répartition sur le globe. — Causes de ces variations. — Elles sont nombreuses. — De là un très-grand nombre de climats sur le globe. — Difficulté de classer les climats.

Classification des climats à notre point de vue.

Utilité pour le Zootechnicien de bien connaître la nature d'un climat.

Action des climats sur les animaux. — Ils agissent directement ou indirectement.

Leurs effets peuvent se faire sentir :

1° Sur la taille et le pelage ;
2° Sur la corpulence ;
3° Sur la conformation ;
4° Sur la constitution et le tempérament ;
5° Sur la robusticité et la longévité ;
6° Sur les aptitudes ;
7° Sur la nature des maladies.

Description des caractères que présentent nos mammifères domestiques, vivant en plein air, selon les climats qu'ils habitent.

ALIMENTS.

Les aliments sont des substances qui, ingérées dans l'estomac, peuvent être digérées, absorbées pour nourrir le corps animal.

Ils sont le plus puissant des Modificateurs. — Ils sont la base de l'industrie animale.

Ils interviennent dans toutes les opérations zootechniques.

Fourrage est le nom générique des aliments de nos herbivores domestiques.

Nous étudierons : 1° les aliments en général ; 2° les aliments en particulier.

1° DES ALIMENTS EN GÉNÉRAL.

Deux propriétés fondamentales : A, Digestibilité ; B, Nutritivité.

Causes de ces propriétés : 1° constitution chimique ; 2° propriétés physico-chimiques.

Constitution chimique des aliments. — Les aliments constituants des végétaux peuvent être rangés en trois catégories : *Matières azotées, matières non azotées, matières minérales.*

Analogie de composition des aliments et du corps des animaux.

Matières azotées des aliments. — On les désigne par le nom générique d'ALBUMINOÏDES ou *corps protéiques.* Énumération des corps protéiques des aliments.

Leur composition chimique. — Identité de composition des corps protéiques des deux règnes.

Matières non azotées des aliments. — Elles comprennent deux groupes : 1° matières grasses ; 2° matières extractives ou hydrates de carbone.

Énumération de ces matières. — Leur composition chimique comparée à leurs similaires du règne animal.

Matières minérales ou inorganiques. — Énumération. — Composition chimique.

Propriétés physico-chimiques des aliments. — Odeur. — Saveur. — Solubilité. — Dureté. — État vert ou sec.

A. — DE LA DIGESTIBILITÉ DES ALIMENTS.

C'est la propriété des aliments de pouvoir être convertis en chyme et en chyle afin d'être absorbés et portés dans la masse du sang.

L'aliment ingéré dans l'estomac est-il digéré en entier ? — Sa séparation en deux parties. — Rapport variable entre la quantité digérée absorbée et celle qui est excrétée.

CAUSES QUI FONT VARIER LE DEGRÉ DE DIGESTIBILITÉ : 1° *Relatives à l'aliment ;* 2° *Relatives à l'animal.*

1° *Causes relatives à l'aliment.* — Sa constitution chimique. — Ses propriétés physico-chimiques. — Sa relation nutritive.

Tout ce qui modifie ces causes modifie les degrés de digestibilité. — Tels sont :

Le climat ;

La nature du sol;
Le mode de culture et les engrais employés;
La saison de la récolte;
La phase de la végétation au moment de la récolte;
La conservation, les altérations de l'aliment;
Les mélanges;
Les modes de préparation des aliments (division, macération, fermentation, cuisson, etc.).

Causes relatives à l'animal. — Espèce. — Race. — Age. — Constitution. — Tempérament. — État hygide. — Genre de service. — Conditions hygiéniques (avant, pendant et après le repas). — Mode de distribution de la nourriture. — Quantité, volume.

Détermination du degré de digestibilité. — Plusieurs méthodes. — Exposé de ces méthodes. — Recherches et travaux des chimistes sur cette question. — Appareil respiratoire de Pettenkofer.

Coefficient de digestibilité. — Tableau des coefficients de digestibilité. — Degré de valeur qu'on peut leur attribuer dans l'état actuel de la question, au point de vue pratique.

B. — De la nutritivité des aliments.

C'est la propriété des aliments de pouvoir être assimilés aux humeurs et aux tissus des organes et de fournir aux sécrétions leurs éléments.

Tous les éléments ne sont pas également nutritifs. — Leur pouvoir nutritif varie beaucoup, non-seulement d'un aliment à l'autre, mais encore dans le même aliment.

Causes qui font varier le degré de nutritivité ou pouvoir nutritif : 1° *Relatives à l'aliment ;* 2° *Relatives à l'animal.*

1° *Causes relatives à l'aliment.* — Son degré de digestibilité. — Sa constitution chimique.

Un aliment très-digestible est-il toujours très-nutritif ?

Un aliment très-nutritif peut-il être peu digestible ?

Tout ce qui modifie le degré de digestibilité ou la constitution chimique de l'élément augmente ou diminue son degré de nutritivité.

2° *Causes relatives à l'animal.* — Espèce. — Race. — Age. — État physiologique des femelles. — Genre de service ou de produits. — État hygide, etc.

Détermination du degré de nutritivité. — *Équivalents nutritifs :* Signification de ces mots. — Deux méthodes pour déterminer le pouvoir nutritif des aliments : 1° *Méthode chimique.* — 2° *Méthode pratique.*

1° *Méthode chimique.* — Elle procède par *l'analyse.* Principe de la relation entre la valeur nutritive d'un aliment et l'azote qu'il contient mis en évidence par les beaux travaux de M. Boussingault. — Exposé de sa méthode. — Simplicité, célérité pratique, précision. — Tableaux des *équivalents nutritifs* dressés par lui. — Importance de ce travail. — Services rendus *à la science* et *à la pratique* zootechnique. — Interprétation de ces tableaux. — Manière d'en faire usage pour la composition des rations.

2° *Méthode pratique.* — Exposé de la méthode. — Son degré de valeur. — Ses inconvénients. — Elle donne des résultats très-variables. — Contradictions dans les tableaux d'équivalents nutritifs dressés d'après la méthode pratique. — Sources de ces contradictions.

Comparer entre eux les tableaux des équivalents pratiques et les tableaux des équivalents chimiques. — Désaccords qu'ils présentent. L'expérimentation faite sur une grande échelle est indispensable pour éclairer les questions litigieuses. — Obligation d'allier la science à la pratique rationnelle pour résoudre les grands problèmes de l'alimentation économique des animaux de la ferme.

Effets des aliments sur les animaux. — Leurs effets se ont sentir :

1° Sur la taille ;
2° Sur la corpulence ;
3° Sur la conformation (*intérieure* et *extérieure*) ;
4° Sur la constitution ;
5° Sur le tempérament ;
6° Sur la robusticité ;
7° Sur la précocité ;

8° Sur les aptitudes;

9° Sur la nature des maladies.

DE L'ALIMENTATION.

C'est l'action de nourrir, la manière de faire agir l'aliment sur l'animal pour obtenir de bons résultats.

Une quantité de fourrage étant donnée, en retirer, en la faisant consommer par les animaux, le plus gros bénéfice net : tel est le but économique de l'alimentation.

Principes fondamentaux de l'alimentation. — Conditions que doit remplir une bonne alimentation :

1° Que les aliments soient appropriés par leur nature et leur composition chimique aux animaux selon les produits qu'on veut en obtenir;

2° Qu'ils soient donnés en quantité suffisante;

3° Qu'ils aient un volume en rapport avec la capacité de l'appareil digestif;

4° Qu'ils soient administrés judicieusement.

De là quatre questions à traiter : 1° *Appropriation des aliments.* — 2° *Quantité d'aliments.* — 3° *Volume des aliments.* — 4° *Administration des aliments.*

1° **Appropriation des aliments.** — Les aliments doivent convenir par leurs propriétés physico-chimiques à l'espèce, à la race et à l'âge des animaux.

Ils doivent avoir une constitution chimique en rapport avec l'espèce, la race, l'âge des animaux et les produits qu'on veut en obtenir.

Principes essentiels de l'aliment normal :

1° Matières albuminoïdes;

2° Matières grasses;

3° Matières extractives ou Hydrates de carbone;

4° Matières minérales ou inorganiques.

Proportion de substances albuminoïdes nécessaires à l'entretien de la vie.

Rôle que jouent dans l'alimentation les matières grasses et les hydrates de carbone digestibles : — Utilité de ces principes dans l'alimentation.

Proportion des éléments inorganiques assimilés pendant l'alimentation : utilité de ces principes. (Expériences de M. Boussingault.)

Perturbations qu'entraînerait dans l'économie animale l'absence ou l'insuffisance d'un de ces principes dans l'alimentation.

Le lait est le seul aliment qui contienne tous les principes essentiels à l'alimentation normale et dans les proportions voulues ou nécessaires. — Il est l'aliment type pour les jeunes. (Prout.)

La viande est l'aliment type pour les carnivores.

Les autres aliments seuls ne peuvent former une alimentation normale.

Obligation pour le Zootechnicien de faire des mélanges et de varier les aliments pour que l'animal reçoive une nourriture complète.

Rations composées. — Nombreuses formules. — Elles doivent varier selon les espèces, les races, l'âge, le genre de produits ou de services.

Rapport entre les matières azotées et les matières non azotées que renferme une ration. — Ce rapport doit varier selon l'espèce, la race, l'âge des animaux, etc., etc.

Comment peut-on déterminer la *relation nutritive?*

2° **Quantité d'aliments.** — Elle doit varier selon que les animaux sont au repos, c'est-à-dire ne produisent rien, ou qu'ils sont en action, donnent des produits, rendent des services.

Premier cas, ration d'entretien.

Deuxième cas, ration de production.

De la ration d'entretien. — Définition. — Détermination de la ration d'entretien. — Nécessité de connaître la nature et la quantité des pertes journalières que fait l'animal à rationner. — Les pertes sont-elles directement proportionnelles au poids de l'animal, ou sont-elles inversement proportionnelles à ce poids? — Principe de la proportionnalité des pertes diurnes de l'animal avec son poids et l'étendue des surfaces de déperdition (1).

(1) J'ai formulé ce principe en m'appuyant sur les nombreuses recherches expérimentales

Relation entre le poids, l'étendue des surfaces éliminatoires des animaux et la quantité d'aliments qu'ils consomment. — Mes formules pratiques pour déterminer en chiffres cette relation.

Rations d'entretien types. — Conditions qu'elles doivent remplir. — Leur utilité pratique.

1° *Ration type pour les jeunes jusqu'au sevrage :*
Composition ; — Relation nutritive.

2° *Ration type après le sevrage 1re jeunesse :*
Composition ; — Relation nutritive.

3° *Ration type pour la 2me jeunesse* et *l'âge adulte :*
Composition ; — Relation nutritive (*cheval*, *bœuf*, etc.).

De la ration de production. — Définition. — Détermination de la ration de production. — Obligation de connaître la nature et la quantité de produits que l'animal à rationner donne ; connaître sa force de production.

Animaux qu'on peut nourrir abondamment. — Animaux qu'on ne doit pas nourrir copieusement. — Raisons zootechniques et économiques de cette différence.

Fixation de la ration de production maxima économique.

La détermination de la ration de production est une affaire de pratique. Nous ne pouvons ici qu'indiquer des règles générales et donner des moyennes.

1° *Ration d'accroissement et de production de la chair ;*
2° *Ration de production de la graisse ;*
3° *Ration de production du lait et du beurre ;*
4° *Ration de production de la laine ;*
5° *Ration de production de la force.*

Quantité d'eau. — Elle est fournie par les aliments et par les boissons. — Détermination de la quantité d'eau qui doit entrer dans la ration de production et la ration d'entretien.

Effets produits par l'excès ou le manque d'eau dans la ration.

faites par les savants que j'ai déjà cités et sur un très-grand nombre d'observations pratiques que j'ai faites sur les animaux.

3° **Volume des aliments.** — Il doit être en rapport avec la capacité gastro-intestinale. — Variations de cette capacité. — Causes des variations : *espèce*, *race*, *âge*, etc., etc.

Trois cas peuvent se présenter en pratique quant au volume : 1° *Suffisant;* 2° *Insuffisant;* 3° *Excédant.* — Phénomènes qui se produisent dans ces trois cas.

4° **Administration des aliments.** — Règles pratiques : *ordre*, *régularité*, *propreté.* — Fixation des heures et du nombre de repas. — Division de la ration en portions. — Ordre de distribution des portions. — Précautions à prendre lors de la distribution des aliments : 1° *Eviter le gaspillage des fourrages.* — 2° Surveiller les animaux pour les maintenir dans le bon ordre. — 3° S'assurer si chaque animal mange la quantité d'aliments qui lui revient et s'il la mange de bonne appétit.

Administration de l'eau. — 1° *A l'étable.* — Moment du repas. — S'assurer que l'eau est à la température voulue. — Manière d'administrer les boissons pour éviter les indigestions d'eau et autres effets funestes aux animaux.

2° *A l'abreuvoir.* — Précautions à prendre quand on abreuve les animaux hors de l'étable : elles sont relatives à l'espèce, à l'âge des animaux et à la nature des eaux des abreuvoirs.

2° Des aliments en particulier

Marche à suivre dans l'étude des aliments en particulier :

1° *Définition* et *description succincte de l'aliment*, *ses qualités*, *ses altérations.*

2° *Propriétés physico-chimiques.*

3° *Constitution chimique*, *quantité d'eau*, *de matière sèche.*

4° *Degré de digestibilité*, *pouvoir nutritif et productif.*

5° *Equivalent nutritif.*

6° *Relation nutritive.*

7° *Préparation et administration.*

Pour la facilité de l'étude je groupe tous les aliments en dix catégories :

1° Fourrages herbacés (*herbes des pâturages, des prairies naturelles et des prairies artificielles*).

2° Fourrages feuilles.

3° Fourrages racines (*racines, tubercules*).

4° Fourrages fruits (*verts, secs*).

5° Foins (*prairies naturelles, prairies artificielles*).

6° Pailles (graminées et légumineuses).

7° Balles et siliques.

8° Grains et graines.

9° Produits et résidus industriels (*tourteaux, farines, sons, pulpes, drèches, malts, grappes de raisin, marcs, vinasses, mélasses*, etc., etc.).

10° Aliments animaux (*viandes, lait, œufs, résidus de laiterie, hannetons frais, farine de viande d'Amérique.*)

Des boissons

De l'eau comme boisson. — Caractères de la bonne eau. — *Sources des eaux.* — Eaux courantes. — Eaux stagnantes. — Comparer les eaux stagnantes aux eaux courantes comme boisson. — *Composition chimique.*

Altération des eaux. — Moyens employés pour les purifier (procédés physiques et chimiques). — Effets des eaux altérées sur les animaux.

Préparation et *administration des boissons.*

Des condiments

Définition. — Énumération. — Leurs usages.

Du sel comme condiment. — Opinions diverses sur le sel marin. — Effets qu'il produit sur les animaux; ils sont variables. — Causes. — *Espèce, race, âge, genre de service des animaux et la nature des produits qu'ils donnent.*

Influence du chlorure de sodium dans la nutrition des animaux. — Son influence sur la croissance, sur l'engraissement, la lactation des animaux. — Expériences de MM. Boussingault, de Béhague et

Baudement, Daurier et Dailly. — Exposé de ces expériences. — Conclusions.

REPRODUCTEURS.

Ils transmettent la vie en procréant de nouveaux êtres. — Ce sont des *porte-germe.*

Rôle qu'ils jouent en Zootechnie. Il ne faut pas exagérer leur importance. — Pour les uns le reproducteur est tout; pour d'autres, il n'est rien. — Nécessité de faire justice de ces exagérations ; elles ont été la cause de bien des mécomptes. — Grave erreur de croire qu'il n'y a qu'à prendre de beaux reproducteurs pour avoir de bons produits.

Les reproducteurs ont bien la faculté en procréant de nouveaux individus de transmettre ce qu'ils possèdent, mais à l'état potentiel : conséquences pratiques.

L'hérédité, faculté dont sont doués les procréateurs, doit être sérieusement étudiée en Zootechnie. Qu'est-ce que l'hérédité?— Quelles en sont les lois? — Quelles sont les choses héréditaires chez les procréateurs?

De l'hérédité dans la procréation de nouveaux êtres.

1° Hérédité propre aux caractères des éléments liquides et solides des animaux.

2° Hérédité de la conformation (intérieure et extérieure).

4° Hérédité de la constitution et du tempérament.

5° Hérédité des Idiosyncrasies.

6° Hérédité de la taille et de la corpulence.

7° Hérédité des aptitudes.

8° Hérédité du caractère : *douceur*, *méchanceté.*

9° Hérédité des modes de reproduction : *fécondité.*

10° Hérédité des modes de développement : *précocité*, *tardiveté.*

11° Hérédité de la durée de la vie : *longévité.*

12° Hérédité des anomalies.

Conséquences pratiques à tirer de ce qui précède.

Les modifications qu'ont subies l'espèce, la race, l'individu, soit congénitales ou médiates, soit consécutives ou immédiates, dues àdes causes internes ou à des causes externes, sont-elles héréditaires?

Hérédité des modifications immédiates qui sont dues à l'âge.

Hérédité des modifications accidentelles même artificielles de l'organisation : *Tares.*

Hérédité des états présents ou momentanés des procréateurs.

Hérédité de la prédisposition aux maladies.

Hérédité du germe ou état latent de maladies.

Hérédité de l'état patent de la maladie.

Des lois particulières de l'hérédité.

SUJETS DES REPRÉSENTATIONS DU TYPE INDIVIDUEL DANS L'HÉRÉDITÉ :

1° Procréateurs immédiats : { *le père.* / *la mère.* }

2° Procréateurs médiats ou ascendants { *du père.* / *de la mère.* }

3° Procréateurs collatéraux : { *oncle, tante,* / *cousin, cousine.* }

4° Les accouplés antérieurs.

D'où : *Hérédité directe* ou *immédiate.*
Hérédité médiate ou *en retour*, ou encore *atavisme.*
Hérédité indirecte.
Hérédité par influence.

Hérédité directe. — De la représentation du père et de la mère dans la nature du produit.

L'hérédité procède-t-elle des deux sexes? Ou procède-t-elle exclusivement d'un seul?

Deux systèmes : — 1° Influence absolue d'un seul des reproducteurs. — 2° Influence de l'un et l'autre reproducteur.

Le premier système a deux théories : A. *Action exclusive du mâle;* B. *Action exclusive de la femelle.*

Critique et réfutation de ce système.

Preuves de la représentation du père dans la nature du produit.

Preuves de la représentation de la mère dans la nature du produit.

De l'hérédité en retour ou atavisme. — Signification exacte des mots hérédité en retour et *atavisme.*

Atavisme collectif, et atavisme individuel. — *Hérédité collective.*

De l'hérédité collatérale. — Est-elle réelle ? Comment se produit-elle ? Comment s'explique ce phénomène ? — *Hérédité latente.* — Causes qui la rendent patente, *évidente.*

De l'hérédité d'influence. — Exposé de la question. — Faits cités à l'appui de l'existence de ce mode d'hérédité. — Sont-ils authentiques ? — Sont-ils explicables ? — La question doit-elle être réservée en attendant que de nouveaux faits bien prouvés viennent lever les doutes ?

DE LA PART D'INFLUENCE DU MALE ET DE LA FEMELLE SUR LA NATURE DU PRODUIT.

1° Qualité d'action. — 2° Quantité d'action.

Loi de qualité d'action. — L'action du père et de la mère est-elle *élective* et *locale* ou commune et générale.

Loi de l'universalité d'influence des deux sexes.

Loi de la quantité d'action. — Y a-t-il égalité d'action ou inégalité d'action des deux sexes sur la nature du produit ? Deux doctrines :

Pour les uns il y a inégalité d'action.

Pour d'autres il y a égalité d'action.

Un des sexes influe-t-il plus que l'autre soit sur une partie, soit sur toutes les parties dans la formation du jeune être, selon qu'il est mâle ou femelle ? — *Hérédité croisée.*

Les deux sexes agissent-ils avec la même puissance quel que soit le sexe du produit ?

Loi de l'*égalité* d'action. — Faits à l'appui. — Faits en apparence contradictoires tirés des formules d'*élection*, de *mélange*, de *combinaison*.

Apparences de contradiction de ces formules avec les lois d'*universalité* d'action et d'*égalité* d'action.

Les phénomènes de la procréation se produisent-ils de la même manière dans le cas de croisement d'espèces ou de races, que dans la sélection et la consanguinité ?

DE L'INFLUENCE DES LOIS DE LA PROCRÉATION SUR LA SEXUALITÉ DE LA PROGÉNITURE.

Quel rapport y a-t-il entre les deux modes d'être de la sexualité et les lois précédentes de la procréation ?

Des différents systèmes sur la part des reproducteurs au sexe du produit. Exposé de ces systèmes. — Critiques.

De l'art d'engendrer les sexes à volonté (*Girou de Buzareingues*, *M. Thury*).

DES MODES D'ACCOUPLEMENT DES REPRODUCTEURS.

Quatre cas se présentent dans la pratique :

1° Reproducteurs d'espèces différentes.

2° Reproducteurs de même espèce, mais de races différentes.

3° Reproducteurs de même race, mais de familles différentes.

4° Reproducteurs de même famille.

D'où quatre modes d'accouplement des reproducteurs.

A. *Croisement des espèces.*

B. *Croisement des races.*

C. *Croisement des familles.*

D. *Consanguinité.*

Du croisement des espèces. — Hybridation est-il synonyme de croisement des espèces ?

Part d'influence du mâle et de la femelle sur la nature du produit dans ce mode d'accouplement.

Elle est très-variable. — Causes des variations. — L'*espèce;* le *degré d'ancienneté*, d'*homogénéité* de la race ; *l'âge*, le *degré de vigueur*, la *puissance génésique* de l'individu ; le *sexe* du produit.

Dénomination des produits : *hybrides*, *mulets*. — Leurs caractères généraux. — Caractéristique des hybrides.

Croisement des races. — *Métissage*, *croisement alternatif*, *croisement à l'envers :* Définition et signification de ces mots.

Part du mâle et de la femelle sur la nature du produit issu de ce mode d'accouplement.

Un des sexes influe-t-il plus que l'autre soit sur une partie, soit sur toutes les parties du jeune être? Tantôt *oui*, tantôt *non*. — Causes de cette diversité d'action.

Métis est le nom générique des produits du croisement. Dénomination des métis d'après leur degré de sang. — Caractères généraux des métis. — Leur degré de fixité. — Raisons du peu de stabilité des caractères des métis dans certains cas. — Leurs caractères sont-ils héréditaires?— Peut-on les rendre constants? — Opinions des auteurs sur la question.

Croisement des familles ou sélection. — Définition. — Synonymie. — Description de ce mode de reproduction.

Part d'action du mâle et de la femelle sur l'être procréé dans ce mode d'accouplement.

La loi d'*universalité* d'*action* et la loi de quantité d'action y sont-elles applicables? — Dérogations apparentes.

Caractères généraux des produits de la sélection.

Consanguinité. — Synonymie. — Définition. — Opinions des auteurs sur cette question. — Critique et réfutation des erreurs propagées sur ce mode de reproduction. — Source de ces erreurs.

Le fait d'unir des animaux en proche parenté porte-t-il en lui-même le germe de la dégénération?

L'amène-t-elle fatalement?

Lois qui régissent les accouplements consanguins. — Principes qui en découlent. — Conséquences pratiques à en tirer.

Règles qui doivent guider l'éleveur dans la pratique de la consanguinité :

1° Connaître l'histoire physiologique et la généalogie des reproducteurs ;

2° N'employer à la reproduction que des individus irréprochables, surtout au point de vue de la santé ;

3° Tenir compte de l'état présent des reproducteurs ;

4° Ne pas ériger en système d'amélioration ce mode d'accouplement.

Puissance de ce mode de reproduction. Quand faut-il le faire intervenir pour utiliser sa puissante action ? Quand faut-il s'arrêter ?

Heureuses applications qu'en ont faites les plus savants Éleveurs anglais et français à la création et à l'amélioration des races.

Part d'influence du mâle et de la femelle sur la nature du produit issu d'accouplements consanguins. — Elle varie selon le mode de consanguinité que l'on pratique.

1er *Mode.* — Les reproducteurs mâles et les reproducteurs femelles sont de même famille et de même race.

2e *Mode.* — Les reproducteurs sont de même famille, mais de races différentes.

Ce dernier mode présente plusieurs cas dans la pratique :

1° Accouplement consanguin d'une métisse avec un mâle de race pure.

2° Accouplement consanguin d'un métis avec une femelle de race pure.

3° Accouplement consanguin d'un métis avec une métisse de même race du côté paternel et de races différentes du côté maternel.

4° Accouplement consanguin d'un métis avec une métisse de même race du côté maternel et de races différentes du côté paternel.

Étude de ces divers modes et cas d'accouplements consanguins pour apprécier la part d'influence du père et de la mère sur leur progéniture et en déduire des règles pratiques utiles aux éleveurs.

EXERCICE ET REPOS.

Modificateurs naturels. — Leur influence sur : 1° *la santé ;* 2° *la conformation ;* 3° *les aptitudes.*

Exemples pour montrer ce qu'on peut obtenir avec l'exercice rationnellement dirigé. Comment l'exercice et le repos peuvent-ils modifier les formes ? Les effets varient selon l'âge des animaux.

DES MODIFICATEURS DOMESTIQUES.

Définition. — Comment agissent-ils sur les animaux ? — Leur importance en Zootechnie.

HABITATION.

On appelle du nom générique d'*étables* les habitations des animaux. — *Box*, *Padock.* Nom particulier que prennent les étables selon les espèces d'animaux qu'elles renferment.

Les étables ont-elles seulement pour but de retenir les animaux sous la main du propriétaire ? — C'est un modificateur. — Rôle qu'il joue dans diverses opérations zootechniques. — L'habitation, *climat artificiel.*

Conditions que doit remplir une bonne étable. — 1° Former un milieu qui, par sa température, le degré d'humidité et de lumière, soit en rapport avec l'espèce, la race, l'âge, les aptitudes des animaux et les produits qu'ils donnent.

2° Fournir aux animaux la quantité d'air nécessaire selon les cas.

3° Bien-être et aisance des animaux.

4° Facilité du service.

5° Salubrité.

Nous n'avons pas à nous occuper ici de la construction des étables. La partie architecturale des habitations des animaux est du domaine du génie rural.

C'est au point de vue hygiénique que le Zootechnicien doit considérer l'emplacement, l'exposition, le sol, les murs, les portes, les fenêtres, les ouvertures d'aération des étables. — *Crèches, râteliers.* — Manière d'attacher les animaux.

TENUE DES ÉTABLES. — Concilier la salubrité avec la fabrication des engrais. — Propreté. — Aménagement du fumier. — Entretien des litières, nature des litières, leur quantité. — Causes d'insalubrité des étables, assainissement.

Influence des étables sur la santé, la conformation, la force et les produits des animaux.

PANSAGE ET COUVERTURES.

Du pansage. — Effets locaux, généraux. — Son influence sur la santé, la conformation et les aptitudes des animaux.

Instruments de pansage. — Pratique du pansage, précautions à prendre selon l'espèce, la race et l'âge des animaux.

Frictions, lotions, bains froids : leurs bons effets sur les animaux.

Des couvertures. — Description des différents genres de couvertures ; nature des tissus qui les composent : flanelles, bandes de flanelle. — Effets locaux et généraux de ces agents.

CASTRATION.

C'est un modificateur individuel. — Elle a pour but de neutraliser les animaux, soit mâles, soit femelles, en les privant des attributs de leur sexe.

Castration des mâles. — Deux systèmes : 1° Ablation ; 2° Paralysation.

ABLATION. — Méthodes : 1° *Casseaux ;* 2° *Ligature ;* 3° *Torsion ;* 4° *Raclement ;* 5° *Arrachement.*

PARALYSATION. — Méthodes : 1° *Bistournage ;* 2° *Martelage.*

Description de ces méthodes et manuel opératoire.

Castration des femelles. — Un seul système : *Ablation*, deux méthodes : 1° Vaginale ; 2° Abdominale.

Effets de la castration : 1° Sur la fonction génitale ;

2° Sur la taille et la corpulence ;

3° Sur la conformation ;

4° Sur la phonation ;

5° Sur la constitution et le tempérament ;

6° Sur l'énergie ;

7° Sur le caractère ;

8° Sur les aptitudes (engraissement, nature de la viande, lactation, travail).

Utilité de la castration : 1° au point de vue économique ; 2° pour la sécurité de l'homme.

DU MODIFICATEUR DES MODIFICATEURS.

LA MAIN DE L'HOMME.

C'est l'action intelligente, judicieuse de l'homme sur les animaux, que j'appelle le modificateur des modificateurs.

Elle comprend le chef qui dirige, le personnel qui exécute.

Connaissances scientifiques et pratiques que doit posséder le chef.

Connaissances de Zootechnie pratique et qualités que doivent avoir les agents qui sont chargés de soigner les animaux.

Rôle important que joue la main de l'homme en Zootechnie ; elle doit intervenir et faire sentir sa puissante influence dans toutes les opérations zootechniques.

Exemples pour montrer la puissance du modificateur des modificateurs.

III. — DES OPÉRATIONS ZOOTECHNIQUES.

Dans cette partie de la zootechnie, les modificateurs sont mis en rapport avec les animaux pour les approprier à nos besoins afin d'en obtenir des produits et des services divers.

Énumération des opérations zootechniques :

1° Acclimatation des animaux ;

2° Importation des races ;

3° Formation de races nouvelles par la transformation des anciennes;
4° Conservation des races;
5° Amélioration et perfectionnement des races;
6° Production des jeunes;
7° Élevage des jeunes;
8° Production de la chair;
9° Production de la graisse;
10° Production du lait;
11° Production de la force;
12° Production du fumier.

ACCLIMATATION DES ANIMAUX.

Acclimater les animaux, c'est les rendre aptes à se reproduire et à se développer, normalement, dans le milieu où ils ont été importés et dont le climat diffère de celui de la localité où ils vivaient antérieurement.

Acclimatement d'animaux dont l'espèce est domestique.

Acclimatement d'animaux non encore domestiqués.

Principes fondamentaux de l'acclimatation.

Règles pratiques qui en découlent.

Effets de l'acclimatement sur : 1° la santé; 2° la constitution et le tempérament; 3° sur la fécondité; 4° sur les aptitudes, etc., etc.

Réfutation des erreurs propagées par différents auteurs sur l'acclimatation.

IMPORTATION DES RACES.

Deux modes : 1° importation en bloc; 2° importation progressive.

Pratique de l'importation. — Règles essentielles à suivre pour réussir :

1° Étudier la race dans la contrée où elle vit, se reproduit normalement;

2° Connaître le milieu où elle s'est formée, les modificateurs qui ont concouru à sa formation;

3° Acclimater les individus avant de les livrer à la reproduction;

4° Placer les animaux importés dans des conditions de climat, d'alimentation, d'élevage semblables ou analogues à celles dans lesquelles ils vivaient avant l'importation.

Règles particulières au mode d'importation progressive.

Comparer entre eux les deux modes d'importation au point de vue économique et zootechnique.

Dans quels cas faut-il préférer l'un à l'autre?

A quels signes reconnaît-on que la race importée est complétement acclimatée?

Est-il possible de maintenir les animaux importés dans la plénitude de leur force, de leurs qualités et de leurs aptitudes?

Quand ils se modifient et dégénèrent, est-ce par le fait en lui-même de l'importation?

FORMATION DE RACES NOUVELLES PAR LA TRANSFORMATION DES ANCIENNES.

Définition. — Principe fondamental de la formation et de la transformation des races. — Les modificateurs des animaux sont les véritables facteurs des races.

Rôle que joue le climat et l'aliment dans cette opération. — Rôle du reproducteur et de la main de l'homme.

Trois méthodes à suivre pour la formation et la transformation d'une race :

1° *Croisement;*

2° *Métissage;*

3° *Consanguinité.*

Parallèle de ces trois méthodes; leurs avantages et leurs inconvénients.

Dans quels cas doit-on adopter de préférence l'une ou l'autre de ces méthodes?

Motifs de la préférence.

Formation d'une race par croisement. — Deux races sont en présence : la race croisante et la race indigène que l'on veut transformer.

Indiquer les caractères et les qualités que doit avoir la race croisante.

Règles pratiques à suivre dans cette opération : les indiquer avec détails.

Nombre de générations nécessaires pour atteindre le but.

Comment donner à la nouvelle race de la fixité dans ses caractères?

Citer des races formées par croisement.

Formation d'une race par métissage. — La pratique de cette opération exige de grandes connaissances zootechniques et beaucoup de tact. — Description de cette méthode.

Règles à suivre dans la pratique de cette opération.

Est-il possible de déterminer le nombre de générations nécessaires à la formation d'une race par métissage?

Existe-t-il des races formées par métissage?

Formation d'une race par consanguinité. — Est-il possible de former une race par consanguinité? Si oui, quelles sont les règles pratiques à suivre?

CONSERVATION DES RACES.

Principe fondamental de la conservation des races. — Règles générales à observer dans la pratique de l'opération :

1° Maintenir la race dans des conditions agricoles et zootechniques semblables ou analogues à celles qui ont présidé à sa formation;

2° Observer la plus scrupuleuse sélection dans la reproduction;

3° Donner aux produits des soins d'élevage, d'éducation et de dressage analogues à ceux qu'ont reçus leurs parents.

Plus le nombre d'individus qui composent une race est grand, plus sa conservation est facile.

Nécessité de savoir : 1° si la race à conserver est de nouvelle formation ou d'ancienne; 2° si elle a été formée par croisement, par métissage ou consanguinité; 3° si elle est exotique ou indigène.

Les races perfectionnées sont-elles aussi faciles à conserver que les races communes?

Caractères qui indiquent qu'une race se conserve dans toute sa valeur.

Caractères qui indiquent un commencement de dégénération dans la race.

DE LA DÉGÉNÉRATION DES RACES.

Définition des naturalistes, des Zootechniciens. — Synonymie.

Opinion des anciens sur la dégénération.

Le fait de la dégénération diversement expliqué.

Théorie de Bourgelat, de Buffon. — C'est la théorie de la fatalité.

Les vraies causes de la dégénération sont dans les modificateurs des animaux.

La dégénération est un mal; les causes en étant connues, il est facile de le prévenir.

AMÉLIORATION ET PERFECTIONNEMENT DES RACES.

Améliorer une race, c'est en rehausser les aptitudes et en obtenir des produits ou meilleurs ou plus abondants, et à des conditions économiques plus avantageuses pour l'Agriculteur.

Ces résultats sont obtenus tantôt en spécialisant les aptitudes, tantôt en les généralisant.

La spécialisation n'est pas toujours économique. — La considérer d'une manière absolue serait une grave erreur. — Cas dans lesquels la spécialisation est praticable. — Cas nombreux où elle ne l'est pas.

La spécialisation, pas plus que la généralisation, n'est l'idéal de la perfection des races.

Perfectionner une race, c'est élever ses aptitudes à la plus haute puissance de production économique.

Modificateurs à mettre en jeu dans l'amélioration des races. — Leur rôle varie selon le genre d'amélioration qu'on se propose de réaliser.

Principes fondamentaux de l'amélioration des races.

Deux systèmes d'amélioration :

1° *Amélioration d'une race par une autre;*

2° *Amélioration d'une race par elle-même.*

Parallèle des deux systèmes. — Choix du système. — Opinions des auteurs. — Désaccord entre eux.

Exemples pour montrer que les deux systèmes sont bons ou mauvais, selon les cas; l'essentiel est de les employer à propos.

Pour cela, il faut considérer :

1° Le genre d'amélioration que l'on veut obtenir;

2° L'état et la valeur de la race indigène;

3° Les bénéfices qu'elle donne;

4° Le climat et le système agricole de la localité;

5° La nature et la quantité de fourrage dont on peut disposer;

6° Les débouchés qu'offre le pays ;

7° Si l'on veut avoir une race fixe ou produire des métis;

8° Si les exigences commerciales obligent oui ou non d'agir rapidement.

Système d'amélioration d'une race par une autre. — Deux méthodes : 1° *croisement;* 2° *métissage.*

Choix de la méthode. — Considérations qui militent en faveur de l'une ou de l'autre.

1° Du croisement. — Deux races en présence : la race indigène à améliorer et la race améliorante. — Importance de bien connaître la race indigène, ses qualités, ses défauts, sa formation, son degré d'ancienneté, son degré de pureté.

Choix de la race améliorante. — Il y a à considérer :

Sa conformation et ses aptitudes;

Sa pureté, son ancienneté;

L'homogénéité et la fixité de ses caractères;

Sa formation, — comment elle se conserve;

Le milieu dans lequel elle se reproduit et se développe.

Le mode de production et d'élevage *des jeunes.* — Examen des objections qu'on a faites au croisement. — Ses avantages et ses inconvénients.

Pratique du croisement. — Indication des principales règles à suivre :

1° Emploi des mâles de la race améliorante de préférence aux femelles ; motifs de cette préférence ;

2° Acclimater le type améliorateur s'il est de race exotique ;

3° Ne l'employer à la reproduction qu'après acclimatement complet ;

4° Le mettre dans des conditions d'habitation, d'alimentation et de soins hygiéniques favorables à la conservation de toutes ses qualités ;

5° Assurer aux produits du croisement une alimentation et un milieu analogues à ceux de la race améliorante ;

6° Donner aux produits des soins d'élevage, d'éducation et de dressage aussi intelligents, aussi complets que ceux que reçoit la race améliorante.

Jusqu'à quel degré doit-on pousser le croisement ? — Peut-on employer les métis mâles à l'amélioration des races ?

Doit-on faire intervenir les accouplements consanguins pour fixer les caractères de la nouvelle race ?

Par le croisement, peut-on obtenir une amélioration solide et durable ?

Explication du fait de la tendance des métis à la dégénération.

Raisons des insuccès qui ont été trop souvent le résultat du croisement.

2° Métissage. — Description de cette méthode ; manière de procéder. — Quand faut-il l'adopter ? — Parallèle du métissage et du croisement. — But qu'on se propose dans le métissage.

Pratique du métissage. — Elle est difficile et pleine d'écueils. — Les règles relatives au croisement sont-elles applicables au métissage ?

A quel degré du métissage doit-on arrêter l'opération ?

A quel moment du métissage faut-il faire intervenir les accouplements consanguins ?

Résultats obtenus par la pratique du métissage.

Système d'amélioration d'une race par elle-même. — Principe sur lequel repose ce système.

Deux méthodes : 1° *Sélection;* 2° *Consanguinité.* — Choix de la méthode. — Questions à examiner avant de se prononcer.

1° De la sélection. — Définition. — Synonymie. — Description de ce mode d'amélioration. — Objections nombreuses qui ont été faites à la sélection. — Principaux avantages de cette méthode ; ses inconvénients.

Rôle que jouent le modificateur aliment et la *main de l'homme* dans la sélection.

Sélection croisement de familles. — Deux familles en présence.

Choix de la famille améliorante. — Considérations qui doivent guider.

Choix des individus à mettre en rapport : ce point est capital.

C'est sur les contrastes individuels que roule l'opération.

Pratique de la sélection. — Difficultés qu'on éprouve dans l'application de cette méthode. — Connaissances pratiques qu'elle nécessite chez l'éleveur.

Indications des règles à suivre.

Peut-on préciser le nombre de générations nécessaires à l'achèvement de l'œuvre?

Caractères généraux des produits obtenus par sélection.

A quel moment de l'opération doit-on faire intervenir les accouplements consanguins. — Sont-ils obligatoires?

Exemples pour montrer les résultats obtenus par la combinaison de la sélection et de la consanguinité.

2° De la consanguinité. — Description de la méthode. — Principe fondamental de l'amélioration des races par consanguinité. — Examen des nombreuses objections qui ont été faites à cette méthode. — Sont-elles fondées?

Valeur de la consanguinité comme fixateur des caractères des races.

Revue des différents cas où l'on est forcément obligé d'y avoir recours pour achever l'œuvre commencée.

Pratique de la consanguinité. — Elle roule surtout sur la valeur individuelle des procréateurs et de leurs familles.

Règles à suivre dans la pratique de cette opération.

Caractères généraux des produits issus d'accouplements consanguins.

PRODUCTION, ÉLEVAGE DES JEUNES.

Production et élevage sont la mise en pratique de l'amélioration des races.

Rôle de l'aliment, du reproducteur et de la main de l'homme dans ces opérations.

L'action de l'homme est le modificateur dominant : tant vaut l'éleveur, tant vaudront les jeunes produits.

Exemples qui le prouvent.

DE LA PRODUCTION DES JEUNES.

Choix des reproducteurs. — Dans tout reproducteur il y a à considérer : 1° *les titres et la valeur de la famille;* 2° *les titres et la valeur individuelle.*

1° *Valeur de la famille.* — Elle est établie par la généalogie et par l'histoire zootechnique de la race. — Des livres de généalogie : leur importance au point de vue pratique. Chaque race perfectionnée devrait avoir le sien.

2° *Valeur individuelle.* — *Pédigrée.* — *Performances.*

Éléments de valeur applicables aux deux sexes :

1° Santé ;

2° Aptitudes à bien se nourrir ;

3° Fécondité et aptitudes à bien se reproduire ;

4° Aptitudes spéciales selon le type que l'on veut reproduire ;

5° Douceur du caractère.

Deux modes pour apprécier la valeur individuelle : après essai, ou *a posteriori ;* avant l'essai, ou *a priori.*

Examen des caractères qui permettent d'apprécier *a priori* les éléments de valeur communs aux deux sexes.

Examen des caractères propres à chaque sexe : 1° *mâle ;* 2° *femelle.*

Soins zootechniques à donner aux reproducteurs.

Alimentation. — Habitation. — Exercice. — Travail. — Soins hygiéniques.

Accouplement des reproducteurs. — Apparier les sexes. — Fixer les époques pour l'accouplement.

Nombre de femelles qu'un mâle doit saillir. — Saillies qu'il peut faire journellement sans excéder ses forces. Ce nombre doit être réglé d'après l'espèce, l'âge des animaux et leur puissance génésique.

Conditions nécessaires au moment de l'accouplement : 1° *bon état ;* 2° *chaleur.*

Signes des chaleurs. — Durée. — Chaleurs trop fréquentes : *nymphomanie*, *utéromanie.* — Chaleurs trop rares. — Moyens pour les exciter : *boute-en-train*, etc.

Rapprochement des sexes. Trois modes. — Avantages et inconvénients de chacun de ces modes.

Pratique de la monte. Moment des chaleurs. — Moment de la journée. — Précautions à prendre chez les grandes espèces lors du rapprochement des sexes. — Soins à donner aux reproducteurs (*avant*, *pendant* et *après* la saillie).

Conception et gestation. — Fécondité. — Infécondité. — Causes : *matérielles*, *occultes.* — Moyens en usage dans la pratique pour faciliter la conception.

Signes de la gestation : 1° rationnel ; 2° sensible. — Siége de la gestation. — Durée.

Changements qu'amène la gestation dans l'état de la femelle.

Nombre de petits qu'une femelle porte habituellement, *unipares*, *multipares.* — Grossesse *gémellaire.* — Superfétation.

Soins à donner aux femelles en gestation. — Habitation. — Nourriture. — Propreté. — Exercice, travail, repos. — Pansage.

Maladies de la grossesse. — Dépravation d'appétit. — Pléthore. — OEdème. — Descente du vagin et de l'utérus. — Relâchement des parois abdominales, etc.

Avortement. — Définition. — Signes précurseurs. — Phénomènes de l'avortement. — Suites fâcheuses : 1° *pour le fœtus ;* 2° *pour la mère.* — Causes de l'avortement. — Soins à la mère (avant, pendant et après). — Délivrance.

Parturition. — Définition. — Division du part (*prématuré*, *normal*, *naturel*, *laborieux*, *contre nature*).

Parturition naturelle. — Signes précurseurs : phénomènes du part naturel.

Présentation et positions (*naturelles*).

Part double, triple. — Soins à la mère (*avant*, *pendant et après le part*). — Délivrance. — Soins aux nouveau-nés immédiatement après le part.

Parturition laborieuse. — Obstacles du côté de la mère, du côté du fœtus. — Soins à la femelle. — Délivrance.

Parturition contre nature. — Définition. — Causes. — Elle est du domaine de la chirurgie vétérinaire. — Soins à donner à la femelle en attendant le Vétérinaire.

Suites plus ou moins fâcheuses : 1° *pour la mère ;* 2° *pour le produit.*

ÉLEVAGE DES JEUNES.

Deux périodes : A. *De la naissance au sevrage, inclus ;* B. *Du sevrage à leur emploi comme animaux de service.*

A. **Élevage des jeunes de la naissance au sevrage.** — Méthodes d'allaitement : 1° naturelle ou à la mamelle ; 2° artificielle (*Baquet*, *Biberon*).

Description et parallèle des deux méthodes. — Manière de les mettre en pratique. — Leurs effets sur les animaux.

Choix de la méthode d'élevage. — Dans quels cas doit-on préférer l'une à l'autre ?

Nécessité de connaître, avant de se prononcer, la destination des jeunes.

Ils sont destinés à faire : 1° des reproducteurs ; 2° des neutres.

1° *Élevage des reproducteurs.* — Le mode d'élevage doit varier selon le type qu'on veut réaliser :

Reproducteur pour le type de boucherie.

Reproducteur pour le type de laiterie.

Reproducteur pour le type de travail.

2° *Élevaye des neutres.* — Genres de services auxquels ils sont destinés : *boucherie*, *laiterie*, *travail.*

Accroissement des jeunes. — Moyens en usage pour l'apprécier (*pesage*, *mensuration*).

Accroissement de poids vivant pour une quantité donnée de lait. — Comparer, à ce point de vue, les autres aliments au lait.

Les effets que les aliments produisent sur l'accroissement sont en raison inverse de l'âge (*conséquences pratiques*).

Du sevrage. — Age auquel on doit le pratiquer. — Précautions à prendre pendant le sevrage, selon les espèces.

Règles générales qui doivent servir de guide dans la pratique du sevrage.

Effets du sevrage sur l'accroissement, sur la conformation et sur la santé des animaux.

B. **Élevage des jeunes du sevrage à leur utilisation comme bêtes de services.** — Principes qui en forment la base.

Pratique de l'élevage : 1° *à l'étable ;* 2° *au pâturage ;* 3° *par la méthode mixte.*

Parallèle des trois méthodes. — Considérations à invoquer en faveur de l'une ou de l'autre. — Choix de la méthode. — Raisons qui la motivent.

Indications des règles générales qui doivent guider l'éleveur.

Alimentation. — Habitation. — Soins hygiéniques. — Éducation à donner aux animaux pendant la deuxième période de leur élevage.

Accroissement des animaux pendant cette période. — Estimation (*pesage*, *mensuration*). — Accroissement de poids vivant pour une quantité donnée d'aliments. — Énumération et appréciation des causes qui peuvent le faire varier.

PRODUCTION ET FORMATION DE LA CHAIR.

Principe fondamental de la production de la chair. — Albumine revêt deux formes : 1° albumine assimilée aux organes ; 2° albumine de circulation.

Causes qui provoquent la mutation et la fixation d'albumine.

Causes qui accélèrent et élèvent la mutation d'albumine.

A. *Apport d'albumine ;* B, *Relation entre l'albumine de circulation et celle des organes ;* C, *Chlorure de sodium ;* D, *Quantité d'eau immodérée* ; E, *Augmentation de la graisse.*

Importance pratique de hâter la fixation de l'albumine.

PRODUCTION ET FORMATION DE LA GRAISSE.

Principe sur lequel repose cette production.

Principes immédiats essentiels à la formation de la graisse. — Les animaux la trouvent-ils toute formée dans les aliments ?

Formation de toutes pièces de la graisse dans le corps de l'animal vivant (*expériences de M. Boussingault et celles d'autres chimistes*).

Rôle que jouent les matières albuminoïdes et les hydrates de carbone dans la formation de la graisse.

Rôles des matières grasses.

Causes qui accélèrent ou qui retardent la formation de la graisse.

Conséquences pratiques à tirer de la connaissance des lois de la formation de la graisse et des causes qui l'activent ou la ralentissent.

PRODUCTION DE LA FORCE.

Exposé de la question. — Opinions et théories diverses. — Source de la force musculaire. — Phénomènes qui se produisent lors du travail musculaire.

Influence de la nature des aliments sur la production de la force. — Causes qui la favorisent.

Évaluation de la force en kilogrammètres.

Règles pratiques déduites de cette étude applicables au travail des animaux. Est-il possible de déterminer la quantité de matières protéiques et de matières non azotées qu'un animal consomme par chaque kilogrammètre de force produite ?

PRODUCTION DU FUMIER.

Le fumier de ferme comprend : 1° déjections des animaux ; 2° litières.

1° *Déjections des animaux :* solides, liquides. — Quantité de déjections rendues journellement par les animaux de la ferme. — Rapport entre les déjections liquides et les solides.

Causes qui font varier ce rapport.

Relation entre le poids des déjections rendues et celui des aliments consommés.

Énumération des causes qui font varier cette relation.

2° *Litières.* — Nature et quantité. — Détermination en chiffres de la relation qui doit exister entre le poids de la litière et celui des fourrages consommés.

Composition chimique du fumier. — Très-variables. — Causes de la variation.

Ici, nous ne pouvons que formuler les principes généraux de la production de la chair, de la graisse et de la force. Si nous traitions les questions de l'engraissement, du travail, des animaux, nous serions forcé d'entrer dans des détails qui sont du domaine de la Zootechnie spéciale, nous pécherions contre la logique et nous manquerions de méthode ; or, la méthode est, selon nous, une des premières conditions d'un bon enseignement.

ZOOTECHNIE SPÉCIALE.

Application à chaque espèce animale des principes, des lois et des règles exposées dans la Zootechnie générale.

I. — DE L'ESPÈCE CHEVALINE (*Equus Caballus*).

Pour la Zootechnie le cheval est un *moteur animé* utile par sa force et sa vitesse.

Produits (*travail, viande et issues, fumier*).

Trois types spéciaux et deux types mixtes chez le cheval.

Types spéciaux : 1° *galop*, 2° *trot*, 3° *pas*. Description de chaque type en particulier. Énumération des genres de services auxquels on emploie chaque type.

Types mixtes : 1° *trot et galop*, 2° *pas et trot*. Descriptions de ces types et indications des genres de services qu'on en obtient.

DES RACES CHEVALINES.

Description des races chevalines groupées en cinq catégories correspondant aux cinq types énoncés ci-dessus.

Marche à suivre pour la description de chaque race :

Historique et formation de la race ;

Régions où on la trouve ;

Degré de pureté, d'homogénéité et d'ancienneté.

Caractères qui la distinguent (*taille*, *corpulence*, *robe*, *conformation*, *constitution*, *tempérament*, *robusticité*, *longévité*, *fécondité*, *précocité*, etc.).

Aptitudes spéciales ou générales ;

Anomalies, vices de conformation et défauts ;

Maladies auxquelles elle est le plus prédisposée ;

Type dont elle se rapproche le plus ;

Mode de production et genre d'élevage ;

Éducation et dressage ;

Milieu où elle est produite et élevée ;

Rapport entre ce milieu, le mode de production, d'élevage, de dressage et ses caractères, ses aptitudes et ses défauts ;

Services et produits (des mâles, femelles, neutres) ;

Commerce. — Statistique. — Migrations ;

Débouchés (foires, marchés) ;

Doit-elle être conservée ? Remplacée ? Améliorée ?

Méthodes, procédés à employer dans ces différents cas pour arriver plus sûrement au but économique qu'on veut atteindre.

Encouragements accordés aux producteurs et aux éleveurs de la race.

Importation de races chevalines. — Faire connaître les races perfectionnées importées en France.

S'y conservent-elles ou dégénèrent-elles?

Amélioration des races françaises. — Nos besoins actuels. — Nécessité de les remanier. — Causes qui nous y obligent.

Production des poulains. — Types (galop, trot, pas). — Choix de l'étalon et de la jument. — Stud-Boock. — Épreuves. — Accouplement ou monte. — Chaleurs. — Gestation. — Avortement. — Parturition.

Élevage des poulains. — Trois modes (écurie, pâturage, mixte).

Trois périodes : 1° *De la naissance au sevrage.*

Faire des reproducteurs (Pur-sang. — Demi-sang. — Communs).

Faire des neutres (divers services). — Castration à la mamelle.

Alimentation de la mère et du poulain. — Habitation. — Pansage. — Soins hygiéniques.

Éducation et sevrage du poulain.

1° *Du sevrage au dressage.* — Éducation.

2° *Du dressage jusqu'à leur utilisation.* — Alimentation. — Habitation. — Pansage.—Ferrure. — Amputation de la queue. — Éducation.

Dressage : 1° à la selle, 2° aux traits légers, 3° aux gros traits. — Entraînements.

Production du travail. — Choix des chevaux de travail (*Selle. — Trait léger. — Gros trait*).

Travail des poulains.

Divers modes d'attelage pour les chevaux de trait. — Harnais considérés au point de vue zootechnique.

Évaluation de la quantité de travail en kilogrammètres.

Alimentation. — *Habitation.* — *Pansage.* — *Couvertures.* — *Ferrure.* — *Tondage* des chevaux de travail.

Soins hygiéniques (*avant*, *pendant* et après le travail).

Commerce des chevaux. — Examen du cheval que l'on veut acheter. — Ruses des maquignons. — Manière de présenter et de faire trotter les chevaux que l'on veut vendre. — Préparation des chevaux pour la vente (*toilette*). — Vices rédhibitoires et maladies contagieuses.

Encouragements accordés à l'amélioration et à la production des chevaux : prix, primes, courses. Des haras, dépôts d'étalons, étalons approuvés, autorisés.

II. — DE L'ESPÈCE ASINE (*Equus asinus*).

Utilité de l'âne. Produits et services (travail, issues, fumier).

Description des principales races asines en insistant surtout sur les races mulassières (*baudets*).

Production. — Élevage. — Travail de l'âne (même plan général que pour l'étude du cheval).

DES MULETS.

1° Mulet proprement dit. — 2° Bardot. — Leurs caractères distinctifs.

Description des mulets poitevins, gascons, dauphinois, auvergnats, jurassiens, savoyards.

Production du mulet. — Choix de la race asine. — Choix de la jument mulassière.

Élevage et dressage des muletons. — Travail du mulet (transport à dos et traction).

Alimentation, habitation, pansage, tondage et ferrure du mulet de travail.

Industrie mulassière, commerce, vices rédhibitoires.

III. — DE L'ESPÈCE BOVINE (*Bos taurus*).

Utilité du bœuf. — Produits (*viande*, *graisse*, *lait*, *travail*, *issues*, *fumier*).

Trois types spéciaux : 1° boucherie, 2° laiterie, 3° travail. — Types mixtes. — Description de ces types. — Caractères communs à tous. — Caractères propres à chaque type.

DES RACES BOVINES.

Classement en quatre catégories correspondant aux quatre types ci-dessus (*pour la description de chaque race, même marche que pour le cheval*).

Importation des races bovines. — Faire connaître les races perfectionnées importées en France.

Se conservent-elles ou dégénèrent-elles ?

Amélioration des races françaises. — Nos besoins actuels. Faut-il spécialiser nos races bovines?

Production des veaux. — Choix du taureau et de la vache Herd-Boock.

Accouplement. — Chaleurs. — Gestation. — Avortement. — Parturition. — Poids du veau à la naissance comparé à celui de sa mère.

Élevage des veaux. — De la naissance au sevrage. — Reproducteurs (*boucherie*, *laiterie*, *travail*).

Neutres (*boucherie*, *travail*). — Castration.

Alimentation. — *Habitation*. — *Pansage*. — *Tondage*. — *Sevrage* des veaux.

Accroissement du veau de la naissance au sevrage.

Quantité d'aliments nécessaire pour produire une augmentation d'un kilogramme (poids vivant).

2° *Du sevrage jusqu'à un an*. Reproducteurs (*boucherie*, *laiterie*, *travail*). Neutres. — Castration. — Génisses pour faire des vaches laitières. Accroissement du veau pendant cette période.

3° *D'un an jusqu'à leur utilisation.*

Alimentation, habitation, pansage, éducation et dressage des bouvillons.

Augmentation de poids vivant dans cette période.

Production de la viande grasse. — Engraissement du veau. — Engraissement de la vache. — Engraissement du bœuf.

Choix des bêtes d'engrais. — Pour l'engraissement à l'étable. — Pour l'engraissement au pâturage.

Pratique de l'engraissement. — Trois méthodes. — Alimentation. — Bouveries. — Pansage. — Soins hygiéniques.

Moyens pour constater l'augmentation de poids (*bascule, mensuration*). — Quantité de foin nécessaire pour produire un kilogramme d'augmentation poids vif. — Appréciation de l'état de graisse. — *Maniements.* — Abatage des bœufs gras.

Rendement. — Coupe des animaux de boucherie.

Production du lait. — Choix des vaches laitières (*système Guénon*). Alimentation. — Vacherie. — Pansage. — Soins hygiéniques à donner aux laitières.

Traites. — Marcaire. — Nombre et heures des traites.

Rendement en lait. — Le rapport entre la quantité de lait produite et le poids des aliments consommés établit la valeur de la laitière.

Exemples de la quantité de lait produite par kilogramme de foin consommé.

Quantité de lait, de beurre ou de fromage que les vaches laitières peuvent donner annuellement.

Qualités du lait. — Ses altérations.

Castration de la vache.

Production du travail. — Choix du bœuf de travail. — *Alimentation, habitation, pansage et ferrure du bœuf.* — Travail du bœuf et de la vache. — Modes d'attelage. — Quantité de travail évalué en kilogrammètres. — Travail des vaches comparé à celui des bœufs.

Parallèle des chevaux et des bœufs quant au travail. — Le cheval est-il préférable au bœuf?

Commerce des bêtes à cornes. — Marchés d'approvisionnements. — Voyage : manière de les faire voyager. — Perte de poids qu'éprouvent les bœufs gras en voyageant.

Vices rédhibitoires. — Maladies contagieuses.

IV. — DE L'ESPÈCE OVINE (*Ovisaries*).

Utilité du mouton. — Produits (viande, graisse, laine, issues, fumier).

Trois types : 1° boucherie et laine commune ; 2° boucherie et laine fine et mi-fine ; 3° type à laine superfine. — Ce dernier a-t-il sa raison d'être en France ?

Description de ces types ; leurs caractères communs et leurs caractères propres.

Classement des races ovines en trois catégories (*pour la description de chaque race, même marche que pour les autres espèces*).

Importation des races ovines. — Faire connaître et décrire les races perfectionnées importées en France.

Amélioration des races françaises. — Quels sont nos besoins actuels ?

Formation de races ovines en France (*races de Mauchamps, de la Charmoise, Anglo-mérine*, etc.).

Production des agneaux. — Choix du bélier et des brebis. — Livre de généalogie.

Lutte ; chaleur ; gestation ; avortement ; parturition ou agnelage (part double et triple).

Élevage des agneaux. — Allaitement. — Choix des mâles pour la reproduction. — Castration des agneaux. — Amputation de la queue.

Traiter à part les agneaux et les agnelles destinés à faire des reproducteurs. — Nécessité de bien nourrir les agneaux pendant l'allaitement.

Alimentation. — Habitation. — Soins hygiéniques aux mères et aux agneaux.

Sevrage. — Pratique. — Ses effets sur l'agneau. — Précautions à prendre pendant le sevrage.

Rapport entre le poids de l'agneau à la naissance et celui de sa mère.

Accroissement de la naissance au sevrage.

Élevage des agneaux du sevrage jusqu'à leur admission dans le troupeau.

Formation et composition du troupeau. — Conduite générale des troupeaux. — Registre matricule. — Marque du troupeau.

Du berger. — Connaissances qu'il doit posséder. — Ses qualités. — Des chiens comme auxiliaires du berger.

De la bergerie. — Emplacement. — Exposition. — Dimensions. — Agencement des crèches et des râteliers. — Tenue de la bergerie. — Litières. — Aménagement des fumiers.

Alimentation du troupeau (bergerie, pâturages, mixte). — Soins hygiéniques.

Production de la viande. — Engraissement des moutons et des agneaux. — Moyens pour apprécier leur état de graisse. — Augmentation de poids vivant; son rapport avec la quantité de fourrage consommé.

Abatage des moutons gras. — Rendement. — Coupe à l'étal. — Catégories de viande.

Production de la laine. — Lavage à dos. — Tonte. — Poids des toisons. — Diverses qualités de laine dans la toison.

Production du lait. — Fromage.

Commerce des bêtes ovines. — Foires; marchés d'approvisionnement. — Voyage des troupeaux. — Vices rédhibitoires et maladies contagieuses.

V. — DE L'ESPÈCE CAPRINE (*Capra hircus*).

Utilité de la chèvre (viande, lait et duvet).

Son importance dans la petite culture.

Pour la production des chevreaux, leur élevage (mêmes considérations que pour l'agneau).

Ce que nous avons dit de l'espèce ovine et le plan suivi sont applicables à l'espèce caprine.

VI. — DE L'ESPÈCE PORCINE (*Sus domesticus*).

Utilité du porc. — Produits (viande, graisse, soies, issues, fumier).

Un type unique (charcuterie).

Description des races françaises.

Faire connaître et décrire les races perfectionnées importées en France.

Production, élevage, engraissement du porc. — Abatage. — Rendement. — Qualités de la chair et du lard.

Commerce de l'espèce porcine. — Foires ; marchés. — Voyage.

Maladies contagieuses.

VII. — DU LAPIN (*Lepus cuniculus*).

Utilité du lapin. — Ses rapports avec la petite culture.

Races. — Description, production, élevage et engraissement du lapin.

VIII. — DE L'ESPÈCE CANINE (*Canis familiaris*).

Son utilité (animal auxiliaire).

Chiens de berger. — Chiens de garde. — Chiens de chasse.

Description des races les plus utiles.

Amélioration, production, élevage, éducation et dressage du chien.

PARIS. — IMPRIMERIE DE E. MARTINET, RUE MIGNON, 2.

www.ingramcontent.com/pod-product-compliance
Ingram Content Group UK Ltd.
Pitfield, Milton Keynes, MK11 3LW, UK
UKHW020351250726
13967UKWH00005B/2225

9 782012 934283